KEXUE ANIMAL CITY
AMAZING ANIMAL NEIGHBORS

嗑学动物城
了不起的动物邻居

嗑叔 著　如意 绘

民主与建设出版社
·北京·

前言

　　想起美洲，我们就会想起郁郁葱葱的亚马孙雨林，我们用绿色设计了美洲大陆居民的身份证。

　　拥有绿色身份证的居民都很有意思：

　　我们将带大家一起走近世界上最小的猴子之一———侏儒绒猴。

　　他们是如何和别的绒猴斗智斗勇，顽强地在这片丛林里生存下来的？

　　我们将一起拜访亚马孙河边生活着的长得像凤凰一样的鸟——麝雉。

　　他们的幼鸟还没有长齐羽毛，却需要学习蹦极、潜水、攀登，为什么要这么卷？

　　我们也将一睹树懒的风采，他们号称"地球上最懒的动物"。他们真的这么懒吗？他们到底有多懒？

　　……

　　当然，美洲大陆不仅有亚马孙雨林，还有绵延不绝的安第斯山脉、白雪皑皑的北方森林……

　　注意，这里的居民都很喜欢安静，他们不喜欢大声吵闹。

　　所以，拿好他们的身份证，让我们像哥伦布一样，一起来拜访这些美洲大陆的居民吧！

嗑叔

阅读指南

在开始阅读之前，我们可以通过"身份证"
了解动物居民的基本情况：

1

姓名

包括中英文2种，有些
动物名字很多，一般采
用最常用的一个。

2

证件照

这是他们自己最喜欢的个
人照片，每位居民都拥有
自己独特的穿衣品味。

3

冷知识

这是关于他们的一些有趣
的知识，认真阅读，有助
于理解后面的内容。

浣熊也是打工人？

2

④ 民族

这是他们的基本生物学分类，一般采用"目-科-属"三个层级。

家庭住址

这是他们主要分布的区域（他们也有可能因为迁徙、物种入侵等存在于其他大陆）。

最爱吃的食物

这里是他们最喜欢吃的几种食物，基本不需要任何烹饪加工。

睡觉的地方

他们虽然不在床上睡觉，但也需要寻找一个隐蔽安全的角落休息。

🌵 美洲大陆居民卡
American Animal ID Card

民族：食肉目-浣熊科-浣熊属
家庭住址：北美林地、草原、城市等
最爱吃的食物：浆果、坚果、鸟蛋等
睡觉的地点：树上或地上巢穴
个人爱好：洗刷刷
座右铭：打工熊，为自己加油！

AMERICAN ANIMAL ID CARD
NO.01

北美浣熊
Northern raccoon

关于他的冷知识

在吃东西前，他喜欢先在水里把食物洗洗一下，所以被叫作小浣熊。

小浣熊
干脆面
Bar-B-Q

他是动物界的大IP，干脆面品牌、超级英雄电影中都少不了他。

他会跑到人家的阁楼里，还会翻垃圾桶找吃的，甚至抢流浪猫的食物。

③

个人爱好

看看他们的爱好和你有什么不一样吧！

人生格言

动物也有自己的原则和梦想！这和他们的生存方式有关。

阅读指南

注意：本书适合 5 岁以上的小朋友，以及认为自己还是个小朋友的大朋友们阅读！

5

小故事

我们设计了精美的插图，帮助大家更好地理解正文中的内容。

6

注释

这是对本页插图的介绍，你可以用自己的方式介绍给身边的朋友吗？

有的吃，有的住，垃圾桶里真舒服！

目前，北美洲有将近 3 千万只浣熊，而且数量还在急剧增长之中。几乎每一个垃圾桶里面都有一只甚至一群浣熊。迫于生存的压力，有的北美浣熊沿路乞讨，出卖"色相"；有的偷鸡摸狗，道德"沦丧"；还有一些不甘堕落，成了光荣的打工人，他们的口号是：打工熊打工魂，打工都是熊上熊。

"打工人"常干的职业就是浣洗工。他们恰好有洗食物的天性，吃什么都要放到水里洗一洗，所以洗衣服、洗鞋子、洗碗筷，甚至洗马桶都不在话下。洗刷刷洗刷刷，撸起袖子加油刷。有时候洗上了瘾，他们就把主人的手机也一起洗了，手机洗坏了，打工人就无工可打了。

4

7 正文

这本书的文案追求简洁通俗、朗朗上口，欢迎大小朋友们一起大声朗读。

"打工人"北美浣熊是色盲，又是近视，但是他们触觉灵敏，和人类一样有 5 个手指，所以他们可以当按摩师，今天按摩猫，明天按摩狗，连狐狸都不放过。他们服务周到，不仅能帮你搓背揉腰，而且能帮你洗脚按脚，不怕脏不怕臭，但是他们最擅长的还是刷马桶。有时候马桶堵了，他们直接用手掏，掏完了不洗手就直接"搓"人，气得主人哇哇乱叫，于是打工人又无工可打了。

为了继续打工，打工人起早贪黑不怕累，从不迟到和早退，没有假期也无所谓，这一切都是为了混口水喝，混口饭吃。打工人本不想打工，为了讨生活却不得不打工，会算盘的就当会计，有技术的就搞维修，有身材的就跳芭蕾，有音乐天赋的就弹竖琴，有进货渠道的就摆地摊，有力气的就做保洁。人到中年，胖得走不动了，就用身体为你扫掉尘埃。真是生是打工人，死是"扫地机器人"。累吗？累就对了，舒服那是留给小熊猫的。打工人，为自己加油！

8 二维码

在每一篇的结尾都有一个"二维码"，眼见为实，欢迎大家扫码观看。（需下载抖音 app，长按屏幕上的图标并选择"扫一扫"）

上可踮脚跳芭蕾，下可低头刷马桶！

扫一扫
看北美浣熊

5

你觉得这位居民的故事有趣吗？快点儿分享给身边的人吧！

AMERICAN ANIMAL

美洲大陆居民

友情提示：

1. 请勿私自投喂；

2. 请带好身边的爸爸妈妈；

3. 请不要把他们带回家（可以扫码加关注）；

4. 请勿偷吃他们的食物（避免消化不良）！

American Community

美洲社区

浣熊也是打工人？

美洲大陆居民卡
American Animal ID Card

北美浣熊
Northern raccoon

民族：**食肉目-浣熊科-浣熊属**
家庭住址：**北美林地、草原、城市等**
最爱吃的食物：**浆果、坚果、鸟蛋等**
睡觉的地点：**树上或地上巢穴**
个人爱好：**洗刷刷**
座右铭：**打工熊，为自己加油！**

AMERICAN ANIMAL ID CARD
NO.01

TRIVIA
关于他的冷知识

在吃东西前，他喜欢先在水里把食物浣洗一下，所以被叫作小浣熊。

他会跑到人家的阁楼里，还会翻垃圾桶找吃的，甚至抢流浪猫的食物。

他是动物界的大IP，干脆面品牌、超级英雄电影中都少不了他。

3

有的吃，有的住，垃圾桶里真舒服！

　　目前，北美洲有将近 3 千万只浣熊，而且数量还在急剧增长之中。几乎每一个垃圾桶里面都有一只甚至一群浣熊。迫于生存的压力，有的北美浣熊沿路乞讨，出卖"色相"；有的偷鸡摸狗，道德"沦丧"；还有一些不甘堕落，成了光荣的打工人，他们的口号是：打工熊打工魂，打工都是熊上熊。

　　"打工人"常干的职业就是浣洗工。他们恰好有洗食物的天性，吃什么都要放到水里洗一洗，所以洗衣服、洗鞋子、洗碗筷，甚至洗马桶都不在话下。洗刷刷洗刷刷，撸起袖子加油刷。有时候洗上了瘾，他们就把主人的手机也一起洗了，手机洗坏了，打工人就无工可打了。

"打工人"北美浣熊是色盲，又是近视，但是他们触觉灵敏，和人类一样有5个手指，所以他们可以当按摩师，今天按摩猫，明天按摩狗，连狐狸都不放过。他们服务周到，不仅能帮你搓背揉腰，而且能帮你洗脚按脚，不怕脏不怕臭，但是他们最擅长的还是刷马桶。有时候马桶堵了，他们直接用手掏，掏完了不洗手就直接"搓"人，气得主人哇哇乱叫，于是打工人又无工可打了。

　　为了继续打工，打工人起早贪黑不怕累，从不迟到和早退，没有假期也无所谓，这一切都是为了混口水喝，混口饭吃。打工人本不想打工，为了讨生活却不得不打工，会算盘的就当会计，有技术的就搞维修，有身材的就跳芭蕾，有音乐天赋的就弹竖琴，有进货渠道的就摆地摊，有力气的就做保洁。人到中年，胖得走不动了，就用身体为你扫掉尘埃。真是生是打工人，死是"扫地机器人"。累吗？累就对了，舒服那是留给小熊猫的。打工人，为自己加油！

上可踮脚跳芭蕾，下可低头刷马桶！

扫一扫
看北美浣熊

猞猁很给力

美洲大陆居民卡
American Animal ID Card

猞猁
Lynx

民族：**食肉目 - 猫科 - 猞猁属**
家庭住址：**加拿大广阔的北方森林**
最爱吃的食物：**鼠类、野兔等**
睡觉的地点：**岩缝石洞或树洞**
个人爱好：**攀爬、游泳**
座右铭：**俺是大脚怪，数俺跑得快！**

CARD AMERICAN ANIMAL ID
NO.02

他很能忍饥挨饿，可以连续几天不吃东西。

~咕

他生性狡猾且谨慎，遇到危险时会迅速逃到树上躲避起来。

他是游泳的高手，可以穿越3千米宽的河流。

3 Km

TRIVIA 关于他的冷知识

加拿大猞猁是生活在地球最北端的猫科动物，他们的个头比家猫大 3 倍左右，脸上长着络腮胡子，耳朵上顶着一对可爱的小耳簇，偶尔还会像包租婆一样烫个头发。虽然他们神情威猛霸气，但是叫起来却像发情的老猫，真是将艺术气质和逗乐风范融为一体。

加拿大猞猁的后腿比前腿长，这让他们拥有傲人的身材，走起路来又傲娇又性感。他们像猫一样匍匐前行，平时"猫猫祟祟"，悄无声息，看准目标就来一个"饿猫扑食"，把头砸进雪地里。不过，他们经常两眼一抹黑，老鼠没抓着，啃了一嘴的雪花。他们的弹跳力惊人，一蹦三尺高，爬杆能力很高超。他们偶尔还能渡江作战，暗度陈仓。他们没有固定的巢穴，喜欢夜间捕食，每天晚上要跋涉近 20 千米。他们拥有一双巨大的猫爪靴，这样走路时就不会陷入深雪之中。他们每天都要清洁自己的猫爪靴，抖掉上面的脏东西，当"甩手掌柜"。

虽然加拿大猞猁深居简出，独行雪林，但是为了争夺食物，他们成了狼族的眼中钉，经常领衔主演雪林里的战争大片：《战狼》《战狼 II》《战狼 III》。加拿大猞猁杀死过 150 千克的成年鹿，没事就撵着狐狸满地跑，惹急了还能单挑个头巨大的美洲狮，一顿猫猫拳，打得美洲狮一脸蒙。别看个头比不上你，猞猁不发威，你还真把人家当 Hello Kitty 呀！

大哥在身旁，喵星人吓得冒冷汗。

扫一扫
看猞猁

"美洲长舌头"有多销魂?

美洲大陆居民卡
American Animal ID Card

大食蚁兽
Giant anteater

民族：**披毛目 - 食蚁兽科 - 大食蚁兽属**
家庭住址：**南美洲和中美洲**
最爱吃的食物：**蚂蚁、白蚁**
睡觉的地点：**僻静的、有绿荫遮盖的地方**
个人爱好：**洗澡**
座右铭：**吃完洗个澡，蚂蚁别想咬。**

CARD AMERICAN ANIMAL ID
NO.03

关于他的冷知识 TRIVIA

他因为指甲太长，平时要用指关节走路；遇到危险时，会疾走逃跑，动作十分别扭。

1RMB

他没有牙齿，嘴巴张得再大也只有硬币大小，但长长的舌头一伸就能卷起几十只昆虫。

他有着长长的、像锥子一样的脸，像鸡毛掸子一样的尾巴，以及限量款"熊猫手套"。

救命！长舌
头哥斯拉入
侵地球！

　　这个脑袋细长、屁股上顶着一丛芦苇的家伙，叫作大食蚁兽。顾名思义，他们是白蚁的克星，每天能吃掉 3 万多只白蚁。他们的舌头连着胃部，伸出来长达 60 厘米，每分钟可进进出出 150 多次，足以让白蚁销魂又丧命。当然，他们不会一次舔光整个蚁穴，而是打一枪换一个地方，让剩下的蚁族可以继续修复，重建家园。这样就像种韭菜一样，割了一茬又一茬。

　　为了洗掉身上粘着的白蚁，大食蚁兽需要经常泡澡。像长头发的女生老得打理头发一样，他们大部分时间都是在清理长长的尾巴。他们的尾巴很大，用处也很大，天晴了遮阳，下雨天打伞，睡觉时可以保暖，简直就是一床行走的棉被。不仅如此，他们的屁股上插个鸡毛掸子，可以用来拍打美洲豹，一般人惹不起啊！

大食蚁兽看起来憨憨傻傻的，不过不要以为他们好欺负。他们虽然没有牙齿，但是指甲长达 10 厘米，不仅可以挖开坚硬的蚁穴，还可以在和同类打架时扯住对方的毛发死命拽。遇到敌人，他们还会像金刚狼一样，用爪子当作武器进行攻击：我要进攻了，劝你赶紧撤退！

大食蚁兽特别疼爱孩子，一生下来就背在背上，吃喝拉撒一刻也不能分离。由于背的时间太长，妈妈有时会忘记背上的宝宝，洗澡时一转身，宝宝就沉入水底，彻底被"宠溺"了！最后，不知道大家有没有注意到，大食蚁兽的腿上像长着两张大熊猫的脸，是不是看着有点儿"销魂"呢？

哼哼，利爪在我手，看你小小白蚁往哪里走！

扫一扫
看大食蚁兽

13

树懒有多懒?

美洲大陆居民卡
American Animal ID Card

三趾树懒
Three-toed sloth

民族：贫齿目 - 树懒科 - 树懒属
家庭住址：中南美洲热带森林
最爱吃的食物：嫩枝、幼叶、水果等
睡觉的地点：树上
个人爱好：睡觉
座右铭：不要和我比懒，我懒得和你比！

CARD AMERICAN ANIMAL ID
NO.04

TRIVIA 关于他的冷知识

他在陆地上行动很慢，在水里游泳水平却高不少，是个游泳高手。

他消化一片树叶需要整整一个月的时间。

他几乎终生在树上生活，但每周都会下树来拉一次便便。

不⋯⋯急⋯⋯喝⋯⋯杯⋯⋯咖⋯⋯啡⋯⋯慢⋯⋯慢⋯⋯聊⋯⋯

　　树懒生命中99%的时间都在仰望星空，他们仰着睡觉，仰着吃饭。总之，他们能躺下就绝对不站起来，站起来一秒就要立即躺下。他们一周才上一次厕所。就连生孩子也马马虎虎，全靠一根脐带吊在半空中，孩子要是掉地上，他们也懒得去捡，全靠路过的"好心人"送上门来。

　　他们不爱运动，据说每天最多走38米，每次都是步数排行榜最后一名。等他们过马路需要10分钟，生生能把过路的司机急坏了。别人的目标是赢在起跑线上，他们的目标是不被车轧死在斑马线上，最后成功了还要朝你莞尔一笑，挥手告别。

发型他们是懒得打理的，懒到身上长草，飞蛾环绕，也不赶人家跑。或许在他们看来，能养活这么多生命，让他们很满意。他们清心寡欲，一年相亲一次。当他跋山涉水一个月，终于和对方见面时，才发现女神连孩子都满月了。不过，没事，反正他也懒得谈恋爱。

他们脾气很好，被抢了吃的也懒得吵架，大不了下次离你远点儿。他们一天能睡 20 个小时，经常吃着吃着就睡着了，一片叶子能含在嘴里一整天。别人笑他懒洋洋，他笑别人看不穿。毕竟，每天睡到天荒地老，一点儿叶子就能管饱，这样的佛系生活，真是节能减排又环保。

又……
排……
倒……
数……
第……
一……
很……
好……
很……
好……

扫一扫
看三趾树懒

17

坝坝的坝

美洲大陆居民卡
American Animal ID Card

美洲河狸
American beaver

民族：啮齿目 - 河狸科 - 河狸属
家庭住址：加拿大、美国、墨西哥
最爱吃的食物：树叶、树枝和树皮等
睡觉的地点：河流中央的巢穴
个人爱好：修大坝
座右铭：功夫不负有心人！

AMERICAN ANIMAL ID CARD NO.05

他是加拿大的国兽。

他是北美最大的啮齿类哺乳动物，是半水栖的啮齿类。

他会伐倒树木，用树木在溪流中修建堤坝，最大的水坝可长达900多米。

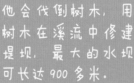

TRIVIA 关于他的冷知识

糟糕！河要发大水，坝要被冲垮！

美洲河狸生活在河里，因为喜欢修建大坝，所以人送外号"坝坝"。坝坝是天才水利工程师、动物圈里的杰出劳模，他们修的大坝造型丰富、结构牢固，有的长度甚至接近 1000 米。为了建造满意的大坝，坝坝整天忙上忙下，运木材、搬石头、敷泥巴，忙乎了 2 个月，眼看大功告成，却迎来了山洪暴发，大坝被冲得稀里哗啦。

没事，坝坝不哭，坝坝继续修坝。坝坝的家就在水中央，是用各种材料垒起的一个巢穴。大坝像一条护城河，把想吃坝坝的家伙挡在外面，而且将水面维系在一定的高度，既可以盖过家门，又不至于淹死全家。大坝就是一个蓄水池，保护坝坝的生命安全。一只坝坝平均能修建 2 ~ 8

个大坝，一年四季住不同的家，就算山洪暴发咱也不怕。

　　修大坝的木材都是坝坝用嘴啃出来的，因为他们的牙釉质层富含铁元素，所以看起来是橘黄色的大金牙。他们的大金牙非常锋利，一天到晚啃个没完，啃到差不多，就等风来把树吹倒。有时候风向突变，有的坝坝来不及逃跑，就被树给压死了。这都算好的，为了防止啃坏树木，有的树会被人类围上铁丝网、涂上辣椒水，把坝坝气得希望碎裂一地，稀里哗啦。

　　没事，坝坝不哭，坝坝接着啃树，拖着树枝回家，继续加固堤坝。不过，有时山洪没来，挖掘机来了。为了防止河道淤积，人类需要定期疏通河道，所以挖掉了坝坝的大坝。看着这些钢铁巨无霸，坝坝气得说不出话，辛辛苦苦好几年，一刨挖回解放前。没事，坝坝不哭，坝坝继续修大坝，只要坚持到底，所有的困难就都不怕。

只要金牙
长得好，
没有大树
啃不倒！

扫一扫
看美洲河狸

21

蓝色脚丫有多性感?

美洲大陆居民卡
American Animal ID Card

蓝脚鲣鸟

Blue-footed booby

民族：鹈形目 - 鲣鸟科 - 鲣鸟属
家庭住址：美洲西海岸及岛屿
最爱吃的食物：鱼类
睡觉的地点：靠近海岸的陆地上
个人爱好：俯冲炸鱼
座右铭：越蓝越有魅力！

CARD AMERICAN ANIMAL ID
NO.06

TRIVIA 关于他的冷知识

他长着长而尖的嘴，有着奇异的眼袋，并且没有鼻孔，直接用嘴巴呼吸。

1.5m

他扎进水里的速度很快，入水时会产生巨大的声响，能把水下 1.5 米处的鱼震晕。

乌如其名，他有一双醒目的蓝色大脚，走起路来呆萌可爱，被戏称为"鸟界沙雕之王"。

23

你看我的蓝色大脚丫，多美呀！

　　蓝脚鲣鸟拥有世界上独一无二的蓝色脚丫，虽然走起路来一摇一晃，闪闪发亮，类似沙雕版的足球明星，但是滑稽而不失优雅。严肃中带着一丝俏皮的"脚气蓝"，可以说是他们一辈子的幸运色。当他们还是一个蛋的时候，就在这蓝色的脚丫子里茁壮成长——他们的妈妈用自己的大脚孵蛋。别人是被一把屎一把尿拉扯大，而他们是被一脚一脚踩到大。

不过，青出于蓝而胜于蓝，长大的蓝脚鲣鸟就靠着脚来吸引异性。雄性蓝脚鲣鸟遇到喜欢的妹子，就会把脚丫子高高抬起来，仿佛在炫耀：看我这双脚，多蓝！反复几次，再低下头，张开翅膀，发送一个"W"形的"表情包"。女方如果满意，就会回他一个"W"形表情包，然后二人一起跳"广场舞"。总之，脚越蓝，色彩饱和度越高，相亲成功的概率就越高。

　　这种蓝色源于他们的食物——沙丁鱼。蓝脚鲣鸟抓鱼的方法很刺激：他们从 30 ～ 100 米的高空突然掉头向下，然后以 97 千米的时速砸进水里，把鱼震晕。无边落木萧萧下，不尽蓝脚滚滚来。抓的鱼越多，脚上的蓝色就越鲜艳。短期抓不到鱼就要褪色，要是一直抓不到就会变成大黑脚，甚至老婆都会嫌弃他，开始约隔壁的雄鸟跳交际舞。唉，这个看脚的世界，真是让鸟绝望。

小鱼，别走！
看我铁头功！

扫一扫
看蓝脚鲣鸟

25

树上坐着个林妹妹

美洲大陆居民卡
American Animal ID Card

普通林鸱
Common potoo

民族：**夜鹰目 - 林鸱科 - 林鸱属**
家庭住址：**中、南美洲森林**
最爱吃的食物：**昆虫**
睡觉的地点：**树上**
个人爱好：**演树**
座右铭：**一装就是一辈子。**

AMERICAN ANIMAL ID CARD
NO.07

他善于伪装，有时候能一动不动地站上几个小时，是动物界的伪装大师。

他从不筑巢，通常在树桩或树杈上下蛋，而且夫妻双方会轮流孵蛋。

假如伪装无效，他会张大嘴巴，用鲜艳的口腔来吓唬敌人。

TRIVIA **关于他的冷知识**

孩子，记住，表演需要沉得住气！

这种长得有点儿痴痴呆呆的鸟叫作林鸱（chī），因为姓林名鸱，叫声忧郁，所以人送外号"林黛玉"。林妹妹不仅拥有可大可小的瞳孔、可甜可咸的表情，而且他们最大的本领就是模仿一棵树。树上的林妹妹，远看像折断的树枝，近看就像树枝被折断，模仿得惟妙惟肖。当然，有时候风太大，没站住，树上掉下个林妹妹，折断的树枝就变成了折翼的天使，把林妹妹气坏了。

林妹妹长着一双闪闪发光的大眼睛：晚上上夜班，大眼睛就变成了电灯泡，可以反射光线；白天则一边演树一边睡觉，眼皮下面还留着几道裂开的细缝，即使闭上眼睛，也可以随时观察周围的危险。由于模仿得太像，虫子也分不清哪个是树、哪个是鸟，因此林妹妹一动不动就能吃饱。有时候他们演到自己都感动，打雷下雨也纹丝不动，真是不疯魔不成戏，鸟生全都看"演技"。当危险来临时，林妹妹气定神闲，只要装作不认识，你就把我看不清，简直可以成为奥斯卡最佳鸟类明星。

　　因为不筑巢，林妹妹直接把蛋下在树桩上，一次只能生一个蛋。小林妹妹从出生开始，就要跟着爸爸妈妈一起，学着如何表演一棵树。你要是问林妹妹："你们是一只鸟，为什么要模仿一棵树？"林妹妹就会回答："好姐姐，这还需问？龙生龙，凤生凤，林妹妹生的孩子，一动不动呀！"

晚上精力充沛，白天没精打采，唉！

扫一扫
看普通林鸮

这只鳄鱼有点儿呆

美洲大陆居民卡
American Animal ID Card

美洲短吻鳄
American alligator

民族：鳄目 - 短吻鳄科 - 短吻鳄属
家庭住址：北美洲东南部
最爱吃的食物：鱼类、小型哺乳动物、鸟类
睡觉的地点：洞穴
个人爱好：游泳
座右铭：人不犯我，我不犯人。

CARD AMERICAN ANIMAL ID
NO.08

TRIVIA 关于他的冷知识

他个头大，但是脑容量很小，小到重量仅相当于5个奥利奥饼干。

他和恐龙一样古老，被人们称为"活化石"。

他是扬子鳄的亲戚，性格温和，一般不会主动攻击人类。

31

我被冻住了！
我脑子好小！
我是小可爱！
都欺负我！

　　看上去凶猛霸气的美洲短吻鳄，实际上却是个超级大呆鳄。由于四肢短小、身体粗壮，水里的短吻鳄经常半天爬不上岸，略显尴尬；他们喜欢爬栏杆，好不容易爬上了铁丝围栏，一不小心下一秒就摔惨了；他们的视力很差，胆子却特别大，在美国的佛罗里达州，他们没事就上街溜达，闯红灯过马路，还跑进居民家里的游泳池泡澡，最后被警察五花大绑拽出家门，实在是狼狈极了。

成年美洲短吻鳄体重约 300 千克，全长 4 米，但是性格温和。在水鸟的眼里，他们就是一根移动的笨木头、免费的公交车，可以站在上面乘凉。美洲短吻鳄的大脑占身体比重很小，反应有些迟钝，有时候乌龟近在眼前，他们咬了半天也咬不着，自己无能为力，只能干着急。就算乌龟到了嘴里，他们的牙齿却打滑了，折腾半天只啃了一口空气。他们怕猫，虽然长得很魁梧，但经常被喵星人压制，看见猫心里就犯怵。可能鳄鱼的名字里带着"鱼"，是鱼就得归猫管吧？

美洲短吻鳄主要生活在密西西比河流域，他们挂在水底睡觉，漂在水里搞笑，冬天到来的时候，就把嘴巴露出水面呼吸。遇上寒潮，水面结冰，他们的嘴巴就会被冻在冰面上。忽如一夜北风来，千鳄万鳄齐发呆，这是他们过冬的方式，看上去实在是太呆了！

喂！我是鳄鱼，不是鱼！别太过分！

扫一扫
看美洲短吻鳄

33

模仿杰克逊的鸟

美洲大陆居民卡
American Animal ID Card

美洲丘鹬
American woodcock

民族：鸻形目 - 鹬科 - 丘鹬属
家庭住址：北美洲东部森林、灌木
最爱吃的食物：地下蠕虫、蚯蚓等
睡觉的地点：窝里
个人爱好：跳霹雳舞
座右铭：我的滑板鞋，时尚
最时尚！

CARD AMERICAN ANIMAL ID
NO.09

关于他的冷知识 TRIVIA

他的视野是所有鸟类中最大的，水平面上为360度，可以看到藏在身后的你。

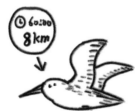

他的舌头表面很粗糙，可以帮助他在泥土中抓住滑溜的猎物。

据记录，他是飞得最慢的鸟，每小时8千米，你稍微跑快一点儿就可以追上他。

嘿嘿，想偷袭我？门儿都没有！

　　美洲丘鹬（yù）是一种非常有趣的鸟，他们居然会"蹦野迪"，动作如同迈克尔·杰克逊的太空步，一摇一摆，一前一后，非常可爱。假如你在美国东部地区自驾，就有可能在路上看到他们在跳舞；不过，他们这样做可不是为了给人类表演舞蹈，其实这是一种捕食的策略。

　　美洲丘鹬主要生活在潮湿的森林和灌木丛中，通过长长的嘴巴在地下寻找食物。他们爱吃各种蠕虫和蚯蚓，通过脚下富有节奏的一蹦一跳，让被踩到的蚯蚓受惊而四处乱跳，这样就能找到更多的食物。所以美洲丘鹬表面上是表演蹦野迪，暗地里是在做脚下工作，打入敌方阵营，扰乱对手的军心。

美洲丘鹬的眼睛也非常特别，他们的眼睛居然靠近头顶，虽然看着有点儿傻气，但是大有用处：因为他们需要把脸埋在地里找蚯蚓吃，眼睛长在后面，就不会被挡住视线，这样可以一边吃着下面的蚯蚓，一边盯着上面的危险。同时，他们的鸟喙尖端是软的，插进土里还可以自由移动，灵活度如同人类的舌头。一碰到蚯蚓，鸟喙就可以像镊子一样把蚯蚓夹起来，非常实用。

所谓习惯成自然，美洲丘鹬无论干啥都得跳两下，甚至孵蛋时也要跳舞，围着鸟蛋打着节拍转圈圈。真是一天不跳舞，屁股坐不住。孵出来的小丘鹬也会跟在妈妈的屁股后面跳，亦步亦趋，学得有模有样；而且一切听指挥，妈妈不跳舞了，他们也立马不动，跟个木头人一样。不知道是基因刻上的信号，还是妈妈做过胎教，丘鹬宝宝和丘鹬妈妈总能跳出整齐划一的舞蹈。

舞姿激情四溢，虫子全进嘴里！

扫一扫
看美洲丘鹬

超级治愈的"六角恐龙"

美洲大陆居民卡
American Animal ID Card

墨西哥钝口螈
Axolotl

民族：有尾目－钝口螈科－钝口螈属
家庭住址：墨西哥城附近的湖泊
最爱吃的食物：软体动物、蠕虫、昆虫幼体等
睡觉的地点：水中
个人爱好：发呆
座右铭：希望我可以治愈你的心

CARD AMERICAN ANIMAL ID
NO.10
AMERICAN ANIMAL ID CARD

因为神奇的身体再生能力，他被广泛用于医学研究。

他俗称"六角恐龙"，但既不是鱼，也不是恐龙。

他属于两栖动物，但是成年之后不会经历变态，而是保持水生和用鳃呼吸的习性。

TRIVIA 关于他的冷知识

这是谁给我配的高级黑框眼镜啊?

　　这只长得自然清新、超凡脱俗的小可爱就是墨西哥钝口螈,俗称"六角恐龙"。他虽然外号叫恐龙,但是一点儿也不凶,永远都是嘴角向上,一副姨母笑的慈爱面容;头上的六个角其实是他的外鳃,毛茸茸的,可以捕捉水里的氧气,帮助他呼吸。有些品种的六角恐龙身体还是半透明的,像一块果冻。他们平时躺在水里一动不动,这时候偷偷隔着玻璃给他画上一副眼镜,六角恐龙就变成了大眼萌仔。他们是最具有治愈力的宠物之一，也是全世界最流行的宠物之一。

　　六角恐龙具有神奇的再生能力，假如被其他动物剁了手，两个星期之内就能再长出一条新的，既不结痂，也不留疤，而且可以无限"续杯"。他们的血液细胞和皮肤细胞可以在伤口处结合，变成一种具有再生能力的干细胞，就算是大脑和心脏受到损伤，静候几天，也能恢复原来的模样。

　　虽然是两栖动物，但他们的相貌永远也不会老。从小时候不到指甲盖大，到长成20多厘米长，他们永远都是一个样。既不打"玻尿酸"，也无须特殊保养。但是在原产地墨西哥，因为外来鱼类的捕食以及湖泊的污染，野外只剩下不到1000只墨西哥钝口螈，成了极度濒危物种。这样超级治愈的小可爱，目前却需要人类去治愈他们的家园和未来。

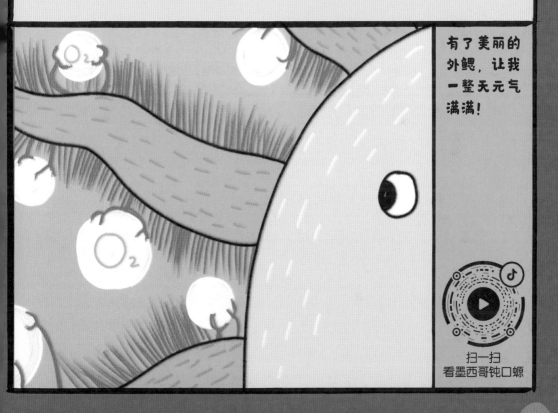

有了美丽的外鳃，让我一整天元气满满！

扫一扫
看墨西哥钝口螈

黑尾土拨鼠的洞

美洲大陆居民卡
American Animal ID Card

黑尾土拨鼠
Black-tailed prairie dog

民族：啮齿目 - 松鼠科 - 草原犬鼠属
家庭住址：北美洲大平原
最爱吃的食物：草本植物
睡觉的地点：洞穴
个人爱好：挖掘地洞
座右铭：挖掘技术哪家强？
看我黑尾土拨鼠！

CARD AMERICAN ANIMAL ID CARD NO.11

关于他的冷知识

TRIVIA

和其他土拨鼠不同，黑尾土拨鼠不冬眠。

在洞穴外相遇时，他们需要彼此仔细辨认一番，包括整理皮毛、游戏和"接吻"。

他是自然界的建筑师，他的洞穴能根据自然地形分成若干个区，仿佛一个城镇。

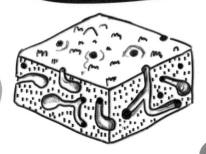

都说了晚饭不要吃太多，看，变成土"拨"鼠了吧！

黑尾土拨鼠的洞位于地下 3 米深的地方，里面就像一座豪宅，冬暖夏凉，设施齐全：拥有独立的卧室、储物间、卫生间以及婴儿房。每个地洞长度可达 30 米，口径很小，仅供一只黑尾土拨鼠匍匐前进。有些身材太胖的黑尾土拨鼠容易被卡在洞口，这时就需要借助外力，把他们从土里面"拨"出来。

他们会在洞口垒起土堆，样子就像一座火山口，下雨天能把洪水挡在外面，防止屋顶漏水。平时他们可以站在土堆高处放哨，站得高看得远，一发现危险，哨兵就发出警报，大家集体往坑里跳。有了这样的保障，黑尾土拨鼠可以在家门口放心地玩耍：早上伸个懒腰，中午眯个小觉，

44

下班前还要对天朝拜，集体跳操。所有的黑尾土拨鼠一起边叫边拜，这是一种用于加强集体主义教育的仪式，能够促进家族的团结。当然，有些身材太胖的黑尾土拨鼠，跳着跳着，一不小心就会掉进坑里。尘归尘，土归土，胖子实在很辛苦。

黑尾土拨鼠天生就为了打洞而生，他们个个都是了不起的建筑工人：先用爪子挖土，再把肚子当作压路机，最后把地面擂平。他们每天都在辛辛苦苦地打洞，累得像条土狗，但是他们的洞经常被草原上其他动物征用。他们经常会在洞里遇见穴小鸮、黑足鼬等租客。最可恶的是美洲臭鼬，他们会强行霸占黑尾土拨鼠的地洞，通过臭腺攻击赶跑黑尾土拨鼠，手段极其卑劣。这时候，黑尾土拨鼠就会默默离开，等到美洲臭鼬在洞里睡着的时候偷偷回家，有时还会用土把洞口封住。哼，你让我看不到回家的希望，我就让你见不到明天的太阳。

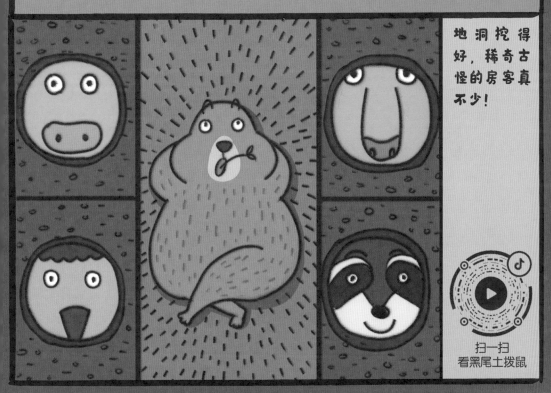

地洞挖得好，稀奇古怪的房客真不少！

扫一扫
看黑尾土拨鼠

45

"坑娃" 的父母

美洲大陆居民卡
American Animal ID Card

麝雉
Hoatzin

民族：麝雉目 - 麝雉科 - 麝雉属

家庭住址：南美洲亚马孙河流域的水淹森林中

最爱吃的食物：珍珠树上的树叶、花、果实等

睡觉的地点：树枝上

个人爱好：攀爬、游泳

座右铭：一臭解千愁。

NO.12 AMERICAN ANIMAL ID CARD

关于他的冷知识 TRIVIA

他的体味很臭，臭到能吓跑其他动物和人类，可谓臭名远扬。

他是圭亚那的国鸟。

他的幼鸟与生活在侏罗纪晚期的始祖鸟具有相同的特征——长有翅爪，堪称鸟中的"活化石"。

47

娃呀，妈管不了你们了，自己逃命吧！

　　这种涂着蓝色眼影、戴着红色美瞳的鸟叫作麝雉，别看他们留着"杀马特"一样的发型，长得像侏罗纪时期的恐龙一样霸气，却能干出非常不负责的事情：每当察觉有秃鹫靠近自己的巢穴，他们就会四处逃散，留下巢穴里面嗷嗷待哺的孩子，充分演绎了什么叫作"大难临头各自飞"，这和一般动物的护雏天性有着很大的区别。

48

不过，这些未成年的黑毛小子并不会坐以待毙，他们会以迅雷不及掩耳之势从巢穴里跳下去，掉进水里。别看他们长得柔柔弱弱，却是潜水高手，可以潜到6米深的河底。等到捕食者飞走了，他们再浮出水面，找到一根靠近水面的树枝。他们的翅膀末端有两只弯曲的翼爪，如同攀冰用的冰镐，这些爪子能够帮助雏鸟抓住树枝，顺藤摸瓜地自己爬回巢穴里面。此时，他们的父母也会在家里呼唤孩子，指导小家伙们爬回家。

为什么麝雉父母会采取这种"坑娃"的避难方式呢？这是因为麝雉的飞行能力很差，根本没有能力保护自己的孩子。遇到危险时四处逃跑，其实是为了分散秃鹰的注意力，让孩子们更好地跳水。这种"大难临头各自飞"的策略，反而让雏鸟更容易活下来。据统计，麝雉幼鸟的存活率，在南美洲雨林的鸟类中名列前茅。所以，看似不负责任的"放养"背后，其实是一种高级的生存智慧！

49

双冠蜥
凭什么这么霸气?

美洲大陆居民卡
American Animal ID Card

双冠蜥
Green plumed basilisk

民族：有鳞目 - 美洲鬣蜥科 - 背鳍蜥属
家庭住址：中美洲热带雨林
最爱吃的食物：昆虫、小鱼、植物等
睡觉的地点：树上
个人爱好：水上漂
座右铭：天下武功，唯快不破！

AMERICAN ANIMAL ID CARD
NO.13

TRIVIA
关于他的冷知识

他的头上有一大一小两个鸡冠状突起，所以得名双冠蜥。

当遇到危险时，他便从树上跃入水中，以"外八字"的姿势在水面上快速地直立奔跑。

他的尾巴很长，像鞭子，可在爬树或奔跑时保持平衡。

水上漂很唯吗？很轻松的嘛！

　　双冠蜥是世界上最霸气的蜥蜴之一，他们长着华美的头冠，嘴巴带一点儿"口红"，"朋克"风十足。他们的节奏感很好，热爱舞蹈，可以像人类一样直立行走，遇到危险时跑得比兔子还快。然而，他们最厉害的技能之一是江湖失传已久的武林绝学：水上漂。

　　天下武功，唯快不破！双冠蜥每秒钟可以踩水 20 次，能够在水面制造大量气泡，在一只脚沉下去之前，另一只脚就开始打水。理论上，只要速度够快，人类也是可以漂起来的。不过，假如你去泳池试一试，就知道有多难。要练成水上漂，80 千克的体重需要达到每小时 108 千米的速度。所以，想要练成水上漂，得先去高速公路上把汽车超。

和人类一样，双冠蜥拥有 5 个脚趾，但是他们的脚趾之间进化出了脚蹼，平时收起来，拍打水面时可以张开，增大水的阻力。理论上，只要阻力够大，谁都可以享受凌波微步的浪漫。比如，有些人在腿上绑上塑料泡沫块，希望可以在水上行走，但是由于重心失衡，不是摔成落水狗，就是容易扯着胯，哪里有武侠小说描述的那么浪漫？

除了水上漂，双冠蜥还有一项独门绝技：跑不动就钻进水底，一次能憋气 30 分钟。总之，既能铁掌水上漂，又能水下躲猫猫，一边跑步一边扭腰，这才艺，真霸道！

憋气小能手说的就是我了，哈哈！

扫一扫
看双冠蜥

矮胖子的人缘有多好?

美洲大陆居民卡
American Animal ID Card

水豚
Capybara

民族：啮齿目 - 豚鼠科 - 水豚属
家庭住址：**南美洲河流湿地**
最爱吃的食物：**水生植物、芦苇、树皮等**
睡觉的地点：**河岸边、灌木丛周边或水中**
个人爱好：**游泳、潜水、社交**
座右铭：**万物皆可为友!**

CARD AMERICAN ANIMAL ID CARD NO.14

关于他的冷知识

TRIVIA

他的粪便深受某些小动物的喜爱，堪称"移动餐车"。

他热爱社交，在野外一般生活在 20 ~ 100 只成员的社群里面。

1m

他是世界上体形最大的啮齿类动物，体长可达 1 米以上。

可以在我头上玩，但是千万别撒尿！

　　这个眯眯眼、肥嘟嘟的家伙叫作水豚，他身长1米多，体重几十千克，看着铁憨憨，人缘超级棒。无论是天上飞的，还是水里游的，无论是大师兄猴子，还是二师兄小猪（家猪），凡是路过这个矮胖子的，都忍不住要爬上他的背，占个座，发会儿呆。所以，水豚又名"动物巴士"。他的人生格言是：自强不"息脂"，"厚得"载万物。

水豚厚厚的皮下脂肪，就像一台中央空调，冬暖夏凉，让人爱不释手。正所谓脸上有肥肉，特别能扛揍，皮下有脂肪，粉丝排成行，身材有点儿胖，口感特别棒。凡是和他生活在一起的，胃口和心态都特别好。毕竟有个胖子衬托着，猪也显得苗条清瘦，他能不受欢迎吗？

在野外，美洲豹很馋他的胖身子。他们靠着集体放哨、水底藏身才能保住肥肉，所以别看他是"面瘫"，速度可不一般。只是人家脾气好，喜欢和大家待在一起，不仅乌龟追着屁股跑，鳄鱼也和他一起晒太阳，真是和平的使者、胖界的楷模。

由于吃的草料难消化，水豚能拉出一种富含营养物质的软便便，不仅可以自己享用、自产自销，而且能匀给周围的"狐朋狗友"。坐巴士不用买票，还能分到免费的自助餐，这样的朋友真是越胖越珍贵，越处越长久。

祈祷天下大同，世界和平！

扫一扫
看水豚

啄木鸟囤橡子

美洲大陆居民卡
American Animal ID Card

橡子啄木鸟
Acorn woodpecker

民族：鴷形目 - 啄木鸟科 - 橡子啄木鸟属
家庭住址：美洲山麓林地、热带草原等
最爱吃的食物：昆虫及植物坚果、果实等
睡觉的地点：树洞或鸟巢里
个人爱好：囤粮
座右铭：家中有余粮，心里
不慌张。

CARD AMERICAN ANIMAL ID
NO.15

他尾羽的羽干刚硬如棘，能以其尖端撑在树干上。

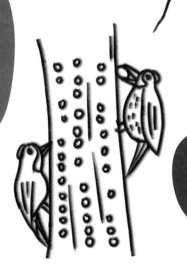

他是中型攀禽，有一个红色的帽冠，舌细长，伸缩自如。

他是不同寻常的啄木鸟，集大群生活，并合作囤积橡子。

TRIVIA 关于他的冷知识

59

现在存好了粮食，到了冬天，嘿嘿！

　　这种脸长得像个小丑的鸟叫作橡子啄木鸟，他们鸟生当中最大的爱好可能就是存橡子。每当秋天到来，他们就四处张罗，把收集来的橡子用头砸进凿好的树洞里，密密麻麻的橡子看起来非常壮观。不仅如此，他们每天还要清点自己的存粮，把那些晒得干瘪的挑出来，再寻找一个新的洞口塞进去，一个萝卜一个坑，一粒橡子一个梦，秋天存好粮，冬天不慌忙。

　　这么丰富的粮仓对于邻居松鼠来说是无法抵挡的诱惑，他们会在一旁流口水，希望分享丰收的喜悦。橡子啄木鸟当然不会袖手旁观，他们会以迅雷不及掩耳之势赶回家，对准松鼠就啄，嘴下毫不留情。不过，前脚刚送走小偷，后脚就迎来了强盗，因为熊瞎子也喜欢吃橡子，他们爬得高、胃口也大，不仅吃光了所有存货，连仓库都直接给毁了。这下啄木鸟不敢干架了，只能忍气吞声，站在道德制高点（枝头）对强盗进行谴责。

然而，人祸的后面还有天灾：因为橡子啄木鸟一般挑选干燥的枯树存橡子，起山火时就很容易烧光劳动成果；狂风暴雨也会让他们多年的努力瞬间倾倒。有些橡子啄木鸟会把人类的木屋当作仓库，在墙壁上开凿一个洞，然后像投币机一样投橡子，积少成多，最后变成了一个大仓库；有些还会选择在高高的信号发射塔上存橡子，但是最危险的地方未必是最安全的地方，为了维护设备安全，人类经常会清空他们的仓库。本以为防火防盗，结果却是哗啦啦地往下掉，没有过多的铺垫，成年鸟的崩溃往往就在一瞬间！

熊大！别贪心！给我留点儿行不行？！

扫一扫
看橡子啄木鸟

61

捡屎达人穴小鸮

美洲大陆居民卡
American Animal ID Card

穴小鸮
Burrowing owl

民族：鸮形目 - 鸱鸮科 - 小鸮属
家庭住址：美洲热带稀树草原、沙漠地区等
最爱吃的食物：屎壳郎等
睡觉的地点：地面洞穴
个人爱好：捡牛粪
座右铭：众里寻他千百度，蓦然回首，他就在粪堆深处。

NO.16
CARD AMERICAN ANIMAL ID

关于他的冷知识 TRIVIA

他是唯一一种在地面洞穴里生活的小型猫头鹰，有两道粗白眉。

和其他猫头鹰不同，他吃果实和种子，特别是仙人球或仙人掌果。

他以黑尾土拨鼠遗弃的洞穴为巢，还会模仿响尾蛇的咝咝声，吓跑捕食者。

哇，这拉的简直就是软黄金啊！

　　这种长着一双大长腿、瞪着一双牛铃般大眼睛的猫头鹰叫作穴小鸮（xiāo），他们是唯一一种生活在地穴里面的猫头鹰。他们经常冷不丁地从宇宙黑洞里钻出来，向你点头致意，暗送秋波；但是他们左顾右盼的目的也许出乎你的意料，其实他们在找屎。

　　北美大平原上生活着北美野牛，他们吃得多，拉的屎又大又有营养，而新鲜的牛粪是穴小鸮的最爱。他们一大早就四处闲逛，就是为了找到一坨牛粪，然后分割成小块，打包空运回家。

你也许会好奇，为什么他不现场表演吃屎呢？因为穴小鸮可能已经做了妈妈——没错，作为一个家长，便便都不能一个人独享。穴小鸮妈妈会把牛粪撒在家门口，孩子们此刻都惊掉了下巴，在他们的原始记忆里，猫头鹰可是猛禽啊，不应该吃这种东西啊！不过，有个干啥啥不行、抢屎第一名的小家伙已经迫不及待要叼上一块回卧室了。妈妈一边打扫房间一边劈头盖脸地骂，别什么东西都往家里拿！而接下来发生的事情也许会让他明白母亲的良苦用心。

此时此刻，屎壳郎正闻讯而来，他们以屎为生，从来不错过任何一坨牛粪，但是这回等待他们的将是一场鸿门宴——因为守在一旁的穴小鸮妈妈已经叼走一只屎壳郎回去喂孩子了。随着越来越多的屎壳郎赶来，每个孩子都分到了自己的感恩节"集翔物"。这些屎壳郎真的很冤：本来以为只有我们才有时间捡屎，没想到猫头鹰也有时间捡屎；我们捡屎的目的只是单纯地捡屎，他们捡屎的目的却是让我们去死，唉，真是让我们"屎不瞑目"啊！

屎壳郎：圈套！全都是圈套啊！

扫一扫
看穴小鸮

神兽的诞生

美洲大陆居民卡
American Animal ID Card

羊驼
Alpaca

民族：偶蹄目 - 骆驼科 - 小羊驼属
家庭住址：南美洲安第斯高原地区
最爱吃的食物：青草、树叶等
睡觉的地点：草地上
个人爱好：卖萌
座右铭：我是风靡世界的神兽。

CARD AMERICAN ANIMAL ID CARD AMERICAN ANIMAL ID
NO.17

TRIVIA 关于他的冷知识

他长得既像骆驼，又像绵羊，加上可可爱爱的神情，成为"呆萌系掌门人"。

他的指甲和人类一样，会一直长，所以每3个月就需要修剪一次。

他会用吐口水来表达糟糕的情绪，相当于一种防御姿态。

67

别看神兽萌萌的，小时候就是个丑小鸭。羊驼一年生一胎，一胎只生一个崽，长得像一条麻绳。双胞胎非常罕见，这样可以防止孩子们在肚子里面"打死结"。羊驼是自然卷，毛色非常多，有22种。用羊驼毛做成的衣服，根本用不着染色。

世界上一共有2种羊驼：一种是"长发及腰"的苏利羊驼，他们毛长1米，数量稀少；另一种是常见的"巨型食草长颈泰迪型羊驼"，他们的毛发卷曲，质地更加柔软，摸起来舒服又温暖。很多人养羊驼不是为了他们的毛，而是为了有个依靠，毕竟羊驼的脖子抱起来比电线杆子要舒服多了，缠在身上就是一条活生生的"围脖"。而且他们性格温顺，特别贴心，熟了之后还能给你一个神兽的亲亲。但是他们爱吐口水，你得随时提防他们嘴里喷射的"天马流星"。

羊驼为骆驼科动物之一，和骆驼一样，他们有 3 个胃室，所以可以反刍。他们的大嘴巴可以一直嚼个不停，那是在咀嚼早上吞下去、肚子还没有消化完的东西。他们的动作整齐划一，显得优美文静。

他们适合做宠物的原因之一是很爱干净，只在一个固定的地方上厕所。有时候你会看到一群羊驼挤在一个地方，大家一动不动、神色慌张，他们不是中邪了，而是在排队上公共厕所。有的拉完便便还要洗个澡，不过洗完了必须用吹风机把水分吹干。因为一旦打湿了毛发，羊驼就变成了"丑八怪"，真是"神仙靠霓裳，神兽靠毛装"。

别跑！看我口水飞弹袭击！

扫一扫
看羊驼

"系领带"的鸟

美洲大陆居民卡
American Animal ID Card

长耳垂伞鸟

Long-wattled
umbrellabird

民族：雀形目 - 伞鸟科 - 耳垂伞鸟属

家庭住址：南美洲雨林

最爱吃的食物：昆虫及果实

睡觉的地点：树上

个人爱好：变魔术

座右铭：想低调，但实力不允许

CARD AMERICAN ANIMAL ID CARD
NO.18

他的体形非常庞大，整体都是黑色的，头部有着很大的冠羽。

在 2003 年他的巢穴才被正式发现，所以算生物界比较新的面孔了。

2003

他的胸部垂着一个很大的垂肉，垂肉还可以随时变大，非常奇特。

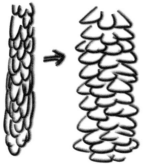

TRIVIA 关于他的冷知识

头顶一把伞，下雨不用愁！

　　这种长相非常独特的鸟叫作长耳垂伞鸟，之所以叫伞鸟，是因为他们头上长着像伞一样的酷炫羽毛，这不仅让他们看起来像摇滚明星，而且可以在下雨天挡住雨水。他们最有趣的特点之一是脖子上挂着一根长长的肉瘤，类似于一条领带，其长度可达35厘米，甚至远远超过了他们的身高。这条"领带"还能膨胀，可长可短，可粗可细。真是人有千姿百态，鸟有千奇百怪。

长耳垂伞鸟大多数时间都站在高高的树上，抖动自己的"特长"，卖弄自己的风骚，这样可以防止"领带"被树枝缠绕。每年3～6月，雄鸟就站在一起，拗自己的造型，秀自己的"领带"。他们会使出吃奶的劲给"领带"充气，让它变得又粗又长，吸引异性的注意力。雌鸟会在一旁静观其变，那些"领带"威猛雄壮的更受青睐，而那些短小精悍的则不得不接受失败。

长耳垂伞鸟生活在南美洲厄瓜多尔和哥伦比亚的山坡雨林里，那里云雾缭绕、物产丰富。他们吃穿不愁，随心所欲。当地人也叫他们"牛鸟"，因为他们能发出像牛一样的低沉声音。有研究表明，扩大的"领带"能够起到扩音的功能，可以帮助他们吸引雌性的注意力，宣示自己的领地。所以，表面上这是一根领带，实际上它还是一支话筒。自然界很多的异想天开，都是因为我们人类少见多怪。

扫一扫
看长耳垂伞鸟

我的男团我的鸟

美洲大陆居民卡
American Animal ID Card

长尾侏儒鸟
Long-tailed manakin

民族：雀形目 - 侏儒鸟科 - 侏儒鸟属
家庭住址：中南美洲的热带森林
最爱吃的食物：浆果和昆虫
睡觉的地点：树枝
个人爱好：男团舞蹈表演
座右铭：一个好汉三个帮。

CARD AMERICAN ANIMAL ID
NO.19

关于他的冷知识 TRIVIA

雄性长尾侏儒鸟经常组团进行舞蹈表演，用来取悦雌鸟。

为了学习舞蹈，"练习生"需要经过漫长的练习，才可能加入到男团中来。

求偶成功后，只有男团的领导者才有机会获得交配的资格。

**鸟大十八变！
颜值瞬间飙升！**

　　在中南美洲，有一群神奇的侏儒鸟，他们长着长长的尾巴、漂亮的羽毛，雄鸟还会组成一个二人组男团，在树枝上集体唱歌，集体跳舞，共同表演热情火辣的歌舞。他们的舞蹈非常复杂，先是两只鸟上下蹦跶，然后是绕着彼此转圈圈，技术含量绝对少不了。整场表演要持续20分钟，可以说是非常卖力的男团组合了。

之所以这么辛苦地表演，就是为了吸引雌鸟的注意力。长尾侏儒鸟的雌鸟虽然羽毛很暗淡，但是眼光很挑剔，对异性才艺的要求很高。为了打动女神的心，普通的单人表演已经没有竞争力了，只有双人歌舞才能吸引女神的注意力，这才有了男团的诞生。

　　不过，男团有两个成员，媳妇只有一个，谁能"抱得美人归"呢？答案是大哥，而且一直都是大哥。小弟每次只能乖乖在一边当绿叶，而且一当就是十年。在这十年里面，他必须听大哥的话。大哥往东，他不敢往西；大哥立正，他不敢稍息。如果他抢了大哥的拍子，或者年轻气盛想刻意表现自己，那么立马就会被大哥一顿胖揍。而小弟之所以心甘情愿当绿叶，是因为可以跟着大哥学习舞蹈和唱歌的技巧，等大哥老了，就可以自己当大哥招小弟了。这就和旧社会的学徒制度一样，辛辛苦苦做学徒，就是为了有朝一日自己可以独立门户。看来，动物娶媳妇也不容易，需要忍辱负重，付出多年的努力。

姑娘们，这里有热歌辣舞，快看过来呀！

扫一扫
看长尾侏儒鸟

小个子有多幸福?

美洲大陆居民卡
American Animal ID Card

侏儒绒猴

Pygmy marmosets

民族：**灵长目－猴科－猴属**
家庭住址：**亚马孙河上游热带森林**
最爱吃的食物：**昆虫、树液等**
睡觉的地点：**树洞**
个人爱好：**探索**
座右铭：**浓缩的都是精华！**

CARD AMERICAN ANIMAL ID
NO.20

TRIVIA **关于他的冷知识**

和一般猴子不同，他们基本都是双胞胎。

180°

他可以将自己的头部旋转180度。

他是世界上最小的猴子之一，体重约100克，只有成年人巴掌大小。

我是一只小巧玲珑的小猴子！

　　他是世界上最小的猴子之一，小时候没有豆芽高，长大了还没一个巴掌大。把他捧在手中，你就好比如来佛祖；把他放在胸前，他就能躺进你的锁骨。他是动物园最容易被偷的动物之一，因为揣在裤兜里就可以把他带走。他很节省饲料，一根黄瓜能吃一天。他的幸福很简单，一把牙刷就能把他伺候得舒舒服服。他叫作侏儒绒猴，是世界上最幸福的小个头。

野外的侏儒绒猴喜欢吃昆虫，因为个头小，蚂蚱在他们眼中就是一个超级大汉堡。为了补充营养，他们喜欢啃树皮，每天都要趴在树上啃一个多小时。他们嘴里尖尖的牙齿是专门为啃树皮而生的，当然，他们不吃树皮，而是让树分泌出一种胶状的树液。经过一晚上的树液的流出，第二天早上他们就可以尝到像鼻涕一样的营养早餐了。然而，这种"鼻涕"也经常被其他嘴馋的高个子猴子看上。由于打不过人家，他们只能躲在一边，敢怒不敢言，等对方吃完拍拍猴屁股走人了才能继续上去埋头啃树皮，为明天的早餐做好准备。

由于个头小，他们新陈代谢的速度很快，一般猴子可以活20～30年，但他们只能活10年。为了保证家族繁衍，猴妈妈一年需要怀孕2次，而且每次都生双胞胎。为了养孩子，爸爸不能在外自由来去，每天都需要在家背孩子，等哥哥姐姐长大了，也必须留在家里，帮着爸爸妈妈一起照顾弟弟妹妹。虽然日子过得有点儿拧巴，但是一家人整整齐齐，相互帮助。相亲相爱一家猴，小个头也有幸福的理由。

吃完一个蚂蚱，一天都能管饱。

扫一扫
看侏儒绒猴

后记

　　我小的时候就喜欢在纸上画各种动物，每个动物角色都有自己的职业和喜好，我还为他们设计了非常酷的服装和配饰。当我画画时，我想象着，他们在那个世界度过了怎样精彩的一天。他们如同朋友一般，陪伴了我的童年时光。现在的我已经忘了那些幼稚笔触下的角色长什么样子，但依旧觉得他们也许还生活在我的内心深处。

　　当嗑叔找到我，我们一起讨论这个动物科普书的构想时，我感觉到这将会是一个非常棒的事情。在嗑叔的文字里，我看到了各色各样的他们。他们有的看起来不太好惹，有的充满幽默感，有的拥有一身才华，有的还爱"喝酒"。

　　这套书好像是一座城市，里面住着很多动物居民，他们穿着考究，有自己独特的性格和技能，每个动物都有自己的故事。想象自己也在这些故事里，用自己的眼睛观察这个世界，他们可能是你，是我，是我们周围的了不起的朋友。

　　　　　　　　　　　　　　　　　　如意